BEI GRIN MACHT SICH IHR WISSEN BEZAHLT

Bibliografische Information der Deutschen Nationalbibliothek:

Die Deutsche Bibliothek verzeichnet diese Publikation in der Deutschen National-
bibliografie; detaillierte bibliografische Daten sind im Internet über http://dnb.d-
nb.de/ abrufbar.

Impressum:

Copyright © 2016 GRIN Verlag
Druck und Bindung: Books on Demand GmbH, Norderstedt Germany
ISBN: 9783668712935

Dieses Buch bei GRIN:

https://www.grin.com/document/427029

Silja Schlosser

Stationenlernen im Chemieunterricht der 7. Klasse am Beispiel Stoffeigenschaften

GRIN Verlag

Inwiefern lassen sich Kompetenzen zu „scientific literacy" im Anfangsunterricht Chemie fördern?

Ein Stationenlernen zum Thema Stoffeigenschaften in der Jahrgangstufe 7

Silja Schlosser

Lehrerin im Vorbereitungsdienst

Inhalt

1 Darlegung der pädagogischen Problemstellung und Zielsetzung der Unterrichtsreihe

Der Begriff der Kompetenzorientierung ist spätestens seit der deutschlandweiten Einführung der Bildungsstandards im Jahr 2004 bedeutend für die Schulentwicklung und Unterrichtsplanung geworden. Zentral für die Unterrichtsgestaltung bzw. die Gestaltung des Lernens ist das Prinzip des selbstregulierten Lernens oder des individualisierten Unterrichts. Die Lernenden werden gemeinsam unterrichtet und zugleich individuell gefördert.[1] Das Stationenlernen ist eine offene Unterrichtsform, mit der das Ziel der Individualisierung verfolgt wird. Die Schülerinnen und Schüler erhalten Lernangebote, die sie weitgehend selbstständig bearbeiten können.

Beim Chemieunterricht der Klasse 7 handelt es sich um Anfangsunterricht, sodass dieser zur naturwissenschaftlichen Grundbildung einen Beitrag leisten soll. Das Augenmerk dieser Facharbeit liegt darauf, dass die Schülerinnen und Schüler verschiedene Stoffe anhand ihrer Eigenschaften sortieren können. Dabei wird verglichen, wie die Schülerinnen und Schüler die untersuchten Stoffe vor und nach der Unterrichtseinheit einteilen und wie sie die vorgenommene Sortierung begründen. Außerdem wird untersucht, wie die Lernenden die Begriffe „Körper" und „Stoff" unterscheiden, da der Stoffbegriff ein zentrales Problemfeld bei der Vermittlung von chemischem Wissen ist. Der Stoffbegriff und die Stoffeigenschaften sind Grundvoraussetzung für die im zweiten Halbjahr folgende Vermittlung der chemischen Reaktion.[2]

Im Rahmen dieser Arbeit wird untersucht, inwiefern die Kompetenzen der Lernenden im Bereich der naturwissenschaftlichen Grundbildung („scientific literacy") durch das Stationenlernen gefördert werden können. Ziel ist es, dass die Schülerinnen und Schüler während des Stationenlernens verschiedene Stoffeigenschaften beobachten, beschreiben und erkennen, dass Stoffeigenschaften eine Einteilung und eine Systematisierung ermöglichen.

1.1 Scientific Literacy und der Stoffbegriff

Scientific Literacy gilt in der naturwissenschaftsdidaktischen Literatur als ein Bildungsziel des naturwissenschaftlichen Unterrichts. Naturwissenschaftliche Grundbildung gilt beispielsweise als Mitvoraussetzung dafür individuelle Entscheidungen bezüglich Gesundheit, Energieverbrauch oder Müllvermeidung treffen zu können. Weiterhin ermöglicht sie das Verstehen gesellschaftlicher Probleme

---

[1] Vgl. Hellrung, 2011, S. 37.
[2] Vgl. Eilks, 2003, S. 367.

naturwissenschaftlichen Inhalts und dadurch erst die Teilhabe an Diskussionen und demokratischen Entscheidungsprozessen.[3]

Naturwissenschaftliche Grundbildung wird definiert als „die Fähigkeit, naturwissenschaftliches Wissen anzuwenden, naturwissenschaftliche Fragen zu erkennen und aus Belegen Schlussfolgerungen zu ziehen, um Entscheidungen zu verstehen und zu treffen, welche die natürliche Welt und die durch menschliches Handeln an ihr vorgenommenen Veränderungen betreffen."[4] Dabei bezieht sich „Scientific Literacy" nicht nur auf bestimmte Wissensbestände, sondern auch auf die Struktur dieses Wissens, die Methoden der Wissensproduktion und die Verbindungen zwischen Entdeckung und Anwendung, d.h. auf die Wissenschaft, ihre Methoden und deren kritische Reflexion.[5] Das Konzept der Scientific Literacy von PISA 2012 beschreibt eine Vielzahl naturwissenschaftlicher Kompetenzen. Dazu zählt ein naturwissenschaftliches Wissen, sowie dessen Anwendung, um naturwissenschaftliche Fragestellungen zu identifizieren, neue Kenntnisse zu erwerben Phänomene zu erklären und aus Belegen Schlussfolgerungen zu ziehen.[6]

R. Bybee beschreibt ein Modell, nach dem einzelne Individuen in Abhängigkeit von ihrem Alter, dem Inhalt und Kontext im Laufe ihres Lebens stufenweise eine Grundbildung entwickeln können[7]. Er spricht von „nominaler", „funktionaler" „konzeptualer" und „multidimensionaler Literacy". Zur Dimension der „nominalen Literacy" zählt beispielsweise die Existenz falscher Vorstellungen von naturwissenschaftlichen Konzepten. Es ist davon auszugehen, dass bei den Schülerinnen und Schülern Präkonzepte existieren, die den Stoffbegriff fachlich nicht korrekt definieren (vgl. Stoffbegriff). Zur funktionalen Dimension des Literacy Begriffs zählt laut Bybee das Verwenden von naturwissenschaftlichem Vokabular (in dieser Unterrichtsreihe ist der Begriff „Stoff" als naturwissenschaftlicher Fachbegriff zu verstehen). Weiterhin zählt zur „funktionalen scientific literacy" die Fähigkeit, naturwissenschaftliche Begriffe fachlich korrekt zu definieren. Mit der Definition des Stoffbegriffs und den Stoffeigenschaften werden wesentliche Grundlagen für weitere naturwissenschaftliche Themen gelegt. Als Teil der „scientific literacy" erwerben die Schülerinnen und Schüler Kenntnisse, die für weitere naturwissenschaftliche Fragestellungen und Schlussfolgerungen nötig sind. Eine wesentliche Grundlage ist, dass die Schülerinnen und Schüler verstehen, dass Stoffe durch spezifische Eigenschaften gekennzeichnet sind. Nur dann wird die chemische Reaktion anschlussfähig, bei der sich ein neuer Stoff bildet, der durch eigene Eigenschaften

---

[3] Vgl. Gräber, W. (2002), S. 7 f..
[4] Vgl. Deutsches PISA-Konsortium (2001), S. 66.
[5] Vgl. Oelkers 1997, S. 87 ff..
[6] Vgl. Schiepe-Tiska, A., S. 192.
[7] Vgl.: Döbrich, 1999, S. 8 f..

charakterisiert wird, die sich in der Mehrzahl von dem Edukt (den Edukten) unterscheiden.

Ein Verständnis über den Stoffbegriff zählt zur naturwissenschaftlichen Grundbildung. Mit der Einführung des Stoffbegriffs gehen mögliche Schwierigkeiten einher.[8] Wird der Stoffbegriff durch Synonyme ersetzt (bspw. Materie, Substanz oder Material), stellt sich die Frage, ob diese Begriffe von den Lernenden verstanden werden. Anderenfalls ergeben sich ähnliche Unklarheiten, wie beim Begriff „Stoff". Eine andere Möglichkeit, um den Begriff „Stoff" auszudrücken, ist, dass Gegenstände aus Stoffen bestehen. Hierbei ist zu beachten, dass die Beschreibung unbedingt erweitert werden sollte: Auch Gase oder Flüssigkeiten, bei denen es sich im klassischen Sinne nicht um Gegenstände handelt, bestehen aus Stoffen. In dieser Hinsicht sind auch Luft oder Wasser Körper, die im Gegensatz zu festen Körpern allerdings keine bestimmte Form haben. Eine Definition von Stoffen als Substanz, Material oder Gegenstand ist in gewissen Grenzen zwar fachlich richtig und tragfähig, dennoch ist sie aus didaktischer Sicht kritisch zu sehen. Bei einem solchen Zugang zu dem Stoffbegriff wird vorausgesetzt, dass die Schülerinnen und Schüler verstanden haben, wie diese Begriffe definiert sind. Besonders bei einer Definition als Gegenstand treten Schwierigkeiten auf, da der Begriff im normalen Sprachgebrauch Flüssigkeiten und Gase nicht berücksichtigt. Deshalb ist eine Unterscheidung von Stoffen und Gegenständen ein wichtiger Inhalt im Anfangsunterricht.[9] Der Stoffbegriff stellt einen wesentlichen Teil des naturwissenschaftlichen Anfangsunterrichts dar. Er ist Voraussetzung, um Prozesse, bei denen sich Stoffe verändern, beschreiben zu können. Solche Veränderungen treten sowohl bei chemischen Reaktionen (2. Halbjahr, Klasse 7[10]) als auch bei den Aggregatzuständen (1. Halbjahr, Klasse 7[11]) auf.[12] Bei der Veränderung von Stoffen kann zwischen physikalischen und chemischen Vorgängen unterschieden werden. Physikalische Reaktionen führen zu Zustandsänderungen. Hört die entsprechende Einwirkung, wie beispielsweise eine Erhöhung der Temperatur auf, kehrt der Stoff in seinen ursprünglichen Zustand zurück. Im Gegensatz zu einer chemischen Reaktion verändern sich die Eigenschaften des Stoffs dabei nicht (unter Standardbedingungen). Am Ende des Themas der chemischen Reaktion haben die Schülerinnen und Schüler das Konzept der chemischen Reaktion soweit entwickelt, dass sie chemische Reaktionen an der Bildung von neuen Stoffen mit eigenen Eigenschaften erkennen und diese von der Herstellung bzw. Trennung von Gemischen

---

[8] Vgl. Eilks, 2003, S. 364.
[9] Vgl. Kienast, 2012, S. 13, S. 15.
[10] Vgl. HKM, hessischer Lehrplan Chemie, S. 15.
[11] Vgl. HKM, hessischer Lehrplan Chemie, S. 13.
[12] Vgl. Vogelzang, 2012, S. 16 ff..

unterscheiden können. Außerdem können Sie chemische Reaktionen von einer Zustandsänderung abgrenzen.

Im hessischen Lehrplan wird explizit das Ordnungsprinzip für Stoffe genannt. Sie lernen mit Hilfe des Stationenlernens eine wesentliche Denkweise für das naturwissenschaftliche Vorgehen kennen. Dabei soll mit Hilfe der Stoffeigenschaften eine Einteilung der Stoffe in z. B. metallisch, salzartig und flüchtig erfolgen. Das Einordnen der Stoffe anhand ihrer Eigenschaften ist eine wichtige naturwissenschaftliche Fähigkeit, die den Lernenden im weiteren Unterrichtsverlauf immer wieder begegnen wird (Basiskonzept: Struktur-Eigenschaften).

Der Stoffbegriff (insbesondere die Unterscheidung zwischen Körper und Stoff) und die Stoffeigenschaften zählen zu den verbindlichen Unterrichtsinhalten im 1. Halbjahr der Jahrgangsstufe 7.[13]

2   Theoretische Grundlagen des Konzepts des Stationenlernens

Beim Stationenlernen handelt es sich um eine Form des offenen Unterrichts mit dem Ziel der Individualisierung und Leistungsdifferenzierung. Für die Schülerinnen und Schüler bedeutet dies ein hohes Maß an selbstständigem und eigenverantwortlichem Arbeiten.[14] Zu dem gemeinsamen Rahmenthema „Stoffe und ihre Eigenschaften" werden unterschiedliche Teilaspekte (bspw.: Härte, elektrische Leitfähigkeit) in Form von Arbeitsangeboten aufbereitet. Dabei steht das Experimentieren im Mittelpunkt. Alle Stationen und Teilaspekte des Gesamtthemas sind für alle Lernenden gleichzeitig verfügbar und können in individueller Reihenfolge und individuellem Lerntempo bearbeitet werden (offener Lernzirkel). Lernprozesse laufen individualisiert ab und sind deshalb vielfältig. Das Stationenlernen ist eine handlungsorientierte Methode, di der Vielfalt des Lernens durch Sinnlichkeit sowie Erlebnis- und Erfahrungsnähe gerecht werden kann.[15] Mit dem Stationenlernen erwerben die Schüler und Schülerinnen Sozialkompetenz: Sie arbeiten gemeinsam mit ihrem Partner und lernen dabei den Umgang miteinander. Dementsprechend werden Teamarbeit, Kommunikation und soziales Verhalten geschult. Hinsichtlich der Sozialkompetenz kann mit dem Stationenlernen das sachliche Kritisieren, gegenseitige Unterstützungs-/Kooperationsbereitschaft sowie das Tragen sozialer Verantwortung gefördert werden. Im Hinblick auf die kommunikative Kompetenz werden besonders das Strukturieren von Informationen, das Auswerten der Dokumentationen und das sachliche

---

[13] Vgl. HKM, hessischer Lehrplan Chemie, S. 12.
[14] Vgl.: Mattes, 2014, S. 168 f..
[15] Vg.. Spörhase,, 2014, S. 210.

Argumentieren geübt. Die Schülerinnen und Schüler tragen Mitverantwortung und müssen ihre Informationen austauschen, um deine vollständige Auswertung zu ermöglichen (personale Kompetenz).

Die Lehrkraft übernimmt beim Stationenlernen größtenteils eine beobachtende Rolle ein. Dies bietet die Möglichkeit Stärken und Schwierigkeiten einzelner Schülerinnen und Schüler diagnostizieren zu können.[16] Stationenlernen bedarf einiger Vorbereitung durch die Lehrkraft, um so das selbstständige Arbeiten der Lernenden im Unterricht zu ermöglichen. Dazu zählt beispielsweise, dass die Raumgestaltung (Stellung der Tische zu Gruppentischen) vorab durchgeführt werden muss, um so die nötige Übersichtlichkeit zu gewährleisten. In Vorbereitung mit den Schülerinnen und Schülern sind „Allgemeine Regeln" aufzustellen. Diese beinhalten beispielsweise: „Du musst nicht alle Lernstationen heute schaffen." / „Achte auf die Ordnung der Station. Verlasse deine Lernstation so, wie du sie vorgefunden hast." Diese Regeln sind notwendig, um das Lernen im individuellen Lerntempo zu ermöglichen und Lernenden mit Lernschwierigkeiten ein Teil des Leistungsdrucks genommen werden. Außerdem soll Störungen des Lernens durch einzelne Schülerinnen und Schüler entgegengewirkt werden. Indem die Schülerinnen und Schüler auf die Ordnung der Station achten, wird ein reibungsloser Ablauf gewährleistet und den Lernenden ein Teil der Verantwortung übertragen.

3 Die Unterrichtsreihe

3.1 Didaktisch-methodische Grundlagen

3.1.1 Analyse der Lehr- und Lernbedingungen

Seit Anfang des Schuljahres unterrichte ich eigenverantwortlich die Klasse 7 (G8). Die Klasse besteht aus 8 Schülerinnen und 19 Schülern. Der Unterricht findet donnerstags in der 1. und 2. Stunde statt. Hierbei ist auf eine schulinterne Besonderheit hinzuweisen: Die Klasse ist in zwei Gruppen (A und B) eingeteilt. Die gesamte Klasse ist immer nur in der 2. Stunde, eine der beiden Gruppen A oder B in der 1. Stunde anwesend. Dies soll im Anfangsunterricht bei Schülerexperimenten entlastend für die Lehrkraft wirken und ermöglicht eine stärkere Aktivität der Lernenden durch das selbstständige Experimentieren. Das Stationenlernen wird dementsprechend in der 1. Stunde durchgeführt, da hier das experimentelle Arbeiten im Vordergrund steht. Im Fachraum befinden sich eine Tafel, ein Smartboard und ein Overheadprojektor. Die Tische sind frei verschiebbar, da die Anschlüsse für Gas und

---

[16] Vgl. Studienseminar Koblenz.

Strom in einem an der Decke verankertem, ausfahrbarem System angebracht sind. Die Größe des Raums ist angemessen. Durch die Tatsache, dass nur die Hälfte der Klasse anwesend ist, können die Stationen jeweils doppelt aufgebaut werden: Insgesamt stehen für sechs Gruppen 10 Stationen zur Verfügung.

Die Atmosphäre in der Klasse ist sehr angenehm: Die Schülerinnen und Schüler verhalten sich untereinander und auch mir gegenüber respektvoll und kooperativ.

Zur Leistungsspitze zählen **Ma.**, **A.** und **M.**. Sie leisten viele, den Unterricht voranbringende Beiträge und besitzen eine hohe Problemlösekompetenz. Während der Experimentierphasen arbeiten sie zügig, gelangen schnell zu einem Ergebnis und unterstützen ihre Gruppenmitglieder.

Im oberen Leistungsbereich befinden sich **sieben** Schülerinnen und Schüler. Sie melden sich häufig und liefern den Unterricht voranbringende Beiträge. Innerhalb dieser Gruppe sind **C.** und **Al.** hervorzuheben, die in einzelnen Stunden ebenfalls zur Leistungsspitze zählen, aber im Vergleich zu den drei Spitzenschülern weniger konstant mitarbeiten. Im oberen mittleren Leistungsbereich sind insgesamt 11 Schülerinnnen und Schüler, darunter **K.**, anzusiedeln. Bei **K.** fällt auf, dass er sich häufig meldet, die Qualität seiner Beiträge jedoch weniger differenziert ist als die der Schülerinnen und Schüler im oberen Leistungsbereich. Weniger am Unterricht beteiligen sich sechs Schülerinnen und Schüler, darunter **F.** und **J-H.** Werden sie ohne Meldung aufgerufen, zeigt sich jedoch, dass sie dem Unterrichtsverlauf folgen.

F.leidet unter dem Asperger-Syndrom. Den Mitschülerinnen und Mitschülern ist bewusst, dass F. „anders" ist, jedoch kennen sie den genauen Hintergrund nicht. Er ist in die Klasse eingebunden und die Schülerinnen und Schüler nehmen Rücksicht auf ihn. Dies wird besonders in Gruppenarbeitsphasen deutlich, in denen der Lärmpegel ansteigt. **F.** hat mehrmals um Hilfe gerufen („Frau S., help, help!"). Nachdem ich für eine Reduktion der Lautstärke in der Klasse gesorgt habe, traten diesbezüglich keine Schwierigkeiten mehr auf. Auffällig ist bei **F.** weiterhin, dass er sich beim Experimentieren bzw. bei praktischen Arbeiten zurückhält. Dies mag darin begründet sein, dass er feinmotorisch weniger sicher arbeitet als seine Mitschülerinnen und Mitschüler. Seine Stärke liegt eher im theoretischen Bereich. Deshalb habe ich ihn beim Stationenlernen mit **M.** in eine Partnergruppe eingeteilt, da **M.** zu den leistungsstärksten Schülerinnen und Schülern zählt und ich ihm zutraue, **F.**s Schwäche zu kompensieren.

P. hat Schwierigkeiten bei der Gruppenbindung, insbesondere mit **Ma.** und **S.** Deshalb achtete ich darauf, dass **P.** mit einem anderen Partner zusammenarbeitet.

Insgesamt stufe ich die Klasse als eher leistungsstark ein. Deutlich wird dies, da im Unterricht stets eine rege Beteiligung herrscht und die Schülerinnen und Schüler motiviert sind, mitzuarbeiten. Dies bietet eine gute Grundlage für das relativ freie Arbeiten an Stationen. Da ich die Klasse erst seit wenigen Wochen kenne, ist eine Einschätzung der Heterogenität nur schwer möglich. Auch in dieser Hinsicht bietet sich das Stationenlernen an, da es eine Differenzierung hinsichtlich der Lerntempi ermöglicht.

3.1.2 Didaktische Überlegungen zur Unterrichtseinheit

Laut hessischem Lehrplan[17] (G8) ist im 1. Halbjahr der Stoffbegriff von zentraler Bedeutung. Die Schülerinnen und Schüler wurden über die Gefahren beim Umgang mit Chemikalien informiert. Sie haben Stoffe anhand von „mit den Sinnen wahrnehmbarer Stoffeigenschaften" unterschieden und die messbare Stoffeigenschaft Dichte sowie die Wärmeleitfähigkeit kennengelernt. In der beschriebenen Unterrichtsreihe soll nun die Unterscheidung von Körper und Stoff anhand weiterer Stoffeigenschaften vorgenommen werden. In diesem Zusammenhang sollen die Lernenden Stoffe anhand mehrerer Eigenschaften zu Stoffgruppen zuordnen, explizit genannt wird die Einteilung nach: metallisch, salzartig und flüchtig.[18] Durch die Zuordnung bzw. Einteilung der verschiedenen Stoffe üben die Lernenden das Schlussfolgern als eine der naturwissenschaftlichen Grundkenntnisse. Die Lernenden sollen erfahren, dass Stoffe durch verschiedene Eigenschaften charakterisiert sind. Diese Eigenschaften ermöglichen es, eine Einteilung der Stoffe vorzunehmen und helfen bei der Identifikation von Stoffen. Die Schülerinnen und Schüler erkennen, dass eine bestimmte Stoffeigenschaft mit einer oder mehreren weiteren Eigenschaften in Beziehung stehen: Wenn Stoffe einen metallischen Glanz besitzen, dann sind sie im festen Zustand elektrische Leiter und nicht löslich. Wenn die Stoffe weich sind, dann sind sie auch flüchtig. Wenn salzartige Stoffe in Wasser gelöst werden können und dadurch in ihre Ionen dissoziieren, besitzen sie in dieser Lösung eine elektrische Leitfähigkeit.[19] Die Formulierung von Wenn-Dann-Beziehungen wird im fortführenden Chemieunterricht bei der deduktiven Vorgehensweise wichtig, da es zur Formulierung der Hypothesen genutzt werden kann.

---

[17] Vgl. HKM, hessischer Lehrplan Chemie, S. 12.
[18] Vgl. Krug, 2011, S. 13.
[19] Dabei wird die geringe Leitfähigkeit von Wasser oder Ethanol aufgrund der Autoprotolyse aus Gründen der didaktischen Reduktion nicht thematisiert (vgl. HKM, hessischer Lehrplan Chemie, S. 45).

Die Unterrichtseinheit ist gekennzeichnet durch das Basiskonzept Stoff-Teilchenbeziehung und dient der Hinführung zum Basiskonzept Struktur-Eigenschaft. Bei der Auseinandersetzung mit den Stoffen wird zwischen zwei Betrachtungsebenen unterschieden: Die Ebene der makroskopisch (und mikroskopisch) erfahrbaren Substanzen und die submikroskopische Ebene.[20] Im Stationenlernen beschäftigen sich die Schülerinnen und Schüler mit der makroskopischen Ebene. Die submikroskopische Ebene, bei der die Teilchen und ihre Wechselwirkungen im Mittelpunkt stehen wird erst im fortlaufenden Unterricht relevant. In Jahrgangsstufe 8 beispielsweise zählen die Salze mir ihren Eigenschaften und ihrer Struktur zu den verbindlichen Unterrichtsinhalten.[21] Dabei steht das Basiskonzept Struktur-Eigenschaft im Mittelpunkt: Der Stoff Natriumchlorid hat Eigenschaften, die nur über seine Struktur erklärbar sind. Im Rahmen des Stationenlernens sollen die Schülerinnen und Schüler Stoffe mit ihren typischen Eigenschaften beobachten und beschreiben sowie eine abschließende Einteilung bzw. Zuordnung begründen. Dabei ist selbstverständlich der Stoffbegriff einzuführen. Die Schülerinnen und Schüler haben im Anfangsunterricht häufig keine klare Vorstellung vom Stoffbegriff. Deshalb wird das Stationenlernen, das die praktische naturwissenschaftliche Arbeit in den Vordergrund rückt, durchgeführt.

In der Unterrichtsreihe sollen folgende Stoffeigenschaften untersucht werden:

- Dichte
- Wärmeleitfähigkeit
- Magnetismus
- **Farbe/Glanz**
- **Geruch/Flüchtigkeit**
- **Härte**
- **Elektrische Leitfähigkeit (Feststoff bzw. in Lösung)**
- **Löslichkeit in Wasser und Benzin**

Die fettgedruckten Stoffeigenschaften werden im Rahmen des beschriebenen Stationenlernens bearbeitet, während die Stoffeigenschaften Dichte, Wärmeleitfähigkeit und Magnetismus in den vorherigen Stunden untersucht wurden.

Farbe als Stoffeigenschaft ist mit Vorsicht anzuwenden, da sie sich bei physikalischen Prozessen auch verändern kann. Dennoch habe ich mich für Farbe als

---

[20] Vgl. Pfeifer (2002), S. 40, 41.
[21] Vgl. HKM, hessischer Lehrplan Chemie, S. 20.

charakteristische Stoffeigenschaft entschieden, um den Schülerinnen und Schülern den Unterschied zwischen Metallglanz und Glasglanz zu verdeutlichen. Es ist davon auszugehen, dass die Lernenden fragen werden, weshalb „weiße" Stoffe als farblos einzuordnen sind. Als Demonstrationsexperiment kann ein (farbloses) Reagenzglas zermörsert werden, wodurch ein weißes Pulver entsteht. Vor Einführung der chemischen Reaktion soll ein Rückgriff auf die Stoffeigenschaften erfolgen. Dabei kann mit den Schülerinnen und Schülern noch einmal diskutiert werden, welche Eigenschaften zur Charakterisierung von reinen Stoffen und damit zu Stoffumwandlungen geeignet sind.[22]

Ziel des Stationenlernens ist nicht nur, dass die Schülerinnen und Schüler Stoffen ihre typischen Eigenschaften zuordnen können, sondern diese aufgrund ihrer charakteristischen Merkmale einzuordnen vermögen. Für diese Einordnung werden die Eigenschaften der Dichte, Wärmeleitfähigkeit und des Magnetismus nicht benötigt, sodass diese dem Stationenlernen vorangehen. Anhand der Untersuchung dieser Eigenschaften kann das Verhalten der Schülerinnen und Schüler beim Experimentieren von der Lehrperson beobachtet und diagnostiziert werden. Außerdem bietet es den Lernenden die Möglichkeit, das Experimentieren zu üben, bevor sie im Stationenlernen weitgehend selbstständig arbeiten.

Da im Zentrum der Einheit verschiedene Stoffe und ihre Eigenschaften stehen, wird der Stoffbegriff nicht über das Vorkommen der Stoffe oder synonyme Begriffe beschrieben. Vielmehr erarbeiten sich die Schülerinnen und Schüler den Stoffbegriff, indem sie durch das Stationenlernen erkennen, dass Stoffe durch charakteristische Eigenschaften beschrieben werden können. Zu Stoffen zählen beispielsweise auch Gase und Wasser, die im Rahmen des Stationenlernens nicht thematisiert werden. Deshalb wird im Anschluss an die Charakterisierung von Stoffen über ihre Eigenschaften eine Diskussion eingeleitet, die diesen Aspekt fokussiert.

Die Unterrichtseinheit legt die Grundlage für die Basiskonzepte Stoff-Teilchen-Beziehungen und Struktur-Eigenschafts-Beziehungen. Im späteren Unterricht kann auf die beobachteten und beschriebenen Stoffeigenschaften zurückgegriffen werden. Dabei wird im Basiskonzept Stoff-Teilchen-Beziehungen die Metallbindung mit Hilfe des „Atomrumpf-Modells" beschrieben. Es kann ein Zusammenhang zwischen der Eigenschaft und der Struktur der Stoffe erkannt werden: Bei leicht flüchtigen Stoffen handelt es sich um Moleküle. Stoffe mit einem metallischen Glanz besitzen einen atomaren Aufbau, mit dem die elektrische Leitfähigkeit und Wärmeleitfähigkeit erklärt

---

[22] Vgl. Eilks, 2003, S. 367.

werden kann. Salze dissoziieren in wässrigen Lösungen in ihre Ionen und leiten aufgrund dessen den elektrischen Strom.

Mit Hilfe des Stationenlernens wird die experimentelle Fertigkeit der Schülerinnen und Schüler als eine der naturwissenschaftlichen Grundarbeitsweise gefördert. An die Fragestellung, wie es gelingen kann Stoffe sinnvoll zu sortieren, wird analysierend vorgegangen. Dabei wird der zu klärende Sachverhalt in lösbare, überschaubare Teilprobleme zerlegt, indem verschiedene Stoffeigenschaften einzeln betrachtet werden. Als ein allgemeines Bildungsziel gilt das exakte, objektive und vorurteilsfreie Beobachten.[23]

Die Unterrichtseinheit ist an das Prinzip der Wissenschaftlichkeit und Fasslichkeit angelehnt. Die Schülerinnen und Schüler sollen an ausgewählten Beispielen in die grundlegende Denk- und Arbeitsweise der Chemie eingeführt werden.[24] Um dies zu erreichen wird zunächst problematisiert, dass Stoffe ohne Kenntnisse der Eigenschaften nur schwierig geordnet werden können. Dabei wird an das aktuelle Wissen der Lernenden angeknüpft. Beispielsweise kennen die Lernenden die Stoffeigenschaft der Härte oder des Geruchs/der Flüchtigkeit. Ihnen fehlt jedoch das Bewusstsein dafür, dies als charakteristische Stoffeigenschaft wahrzunehmen. Es wird an das Vorwissen der Lernenden über die unterschiedlichen Eigenschaften von Stoff ausgehend von Alltagsgegenständen (vgl. Bildimpulse) angeknüpft. Damit wird dem Prinzip der Fasslichkeit Rechnung getragen. Es gilt dabei das didaktische Prinzip „Vom Bekannten zum Neuen", da im Stationenlernen selbst Stoffe untersucht werden, die nicht unbedingt direkt aus dem Erfahrungsbereich der Lernenden stammen. Mit Hilfe von einfachen praktischen Untersuchungen können die Schülerinnen und Schüler die Eigenschaften von Stoffen ermitteln, bevor im folgenden Chemieunterricht praktische Experimente mit eine höheren Komplexität durchgeführt werden. Innerhalb des didaktischen Prinzips „vom Einfachen zum Komplizierten" bewegen sich die Schülerinnen und Schüler innerhalb der Unterrichtseinheit am Anfang und erlernen deshalb zunächst einfache Handlungen.[25] Anhand praktischer Beispiele sammeln sie erste Erfahrungen im Umgang mit Chemikalien und Materialien. Durch ihre Eigentätigkeit nehmen sie unmittelbar am Prozess der Erkenntnisgewinnung teil.

---

[23] Vgl. Pfeifer (2002), S. 112.
[24] Ebd., S. 169.
[25] Vgl. Pfeifer (2002), S. 171.

Zu fördernde Kompetenzen:

Kompetenzbereich Fachwissen	
Teilkompetenz	Indikator
Die Schülerinnen und Schüler... nennen und beschreiben bedeutsame Stoffe mit ihren typischen Eigenschaften,...	...indem sie verschiedene Stoffe auf verschiedene Eigenschaften untersuchen und ihr Ergebnis dokumentieren.
...beschreiben und begründen Ordnungsprinzipien für Stoffe mit ihren typischen Eigenschaften,...	...indem sie die untersuchten Stoffe sortieren bzw. in Gruppen einteilen.
Kompetenzbereich Erkenntnisgewinnung	
Die Schülerinnen und Schüler... ...führen einfache experimentelle Experimente durch und protokollieren diese, ...	...indem sie die Farbe, Härte, Geruch/Flüchtigkeit, elektrische Leitfähigkeit und Löslichkeit verschiedener Stoffe untersuchen.
...beachten beim Experimentieren Sicherheitsaspekte,...	...indem sie eine Schutzbrille tragen.
...finden in erhobenen Daten Trends/Beziehungen und ziehen geeignete Schlussfolgerungen,...	...indem sie die Stoffe aufgrund von Gemeinsamkeiten/Unterschiede in Gruppen einordnen.
Kompetenzbereich Kommunikation	
Die Schülerinnen und Schüler... ...planen und strukturieren ihre Arbeit als Team,...	...indem sie sich mit ihrem Partner über die Reihenfolge der Stationen und die beobachteten Ergebnisse abstimmen.
...protokollieren den Verlauf und die Ergebnisse von Untersuchungen,...	...indem sie ihre Ergebnisse auf einem Auswertungsbogen festhalten.

3.1.3 Methodische Überlegungen zur Unterrichtseinheit

Zum Einstieg in die Unterrichtseinheit versuchen die Schülerinnen und Schüler, die verschiedenen Stoffe in Gruppen einzuteilen bzw. sie zu sortieren. Damit wird ein Problemgrund geschaffen. Die Schülerinnen und Schüler werden an dieser Stelle mit den Grundschritten des problemlösenden Denkens im Unterricht konfrontiert. Indem sie erkennen, dass sie die Stoffe nicht eindeutig ordnen können, ergibt sich die Problemfrage: „Wie können wir die Stoffe sinnvoll und eindeutig einteilen?" Das Lernen aus Problemsituationen heraus erweckt eine starke Neugier und fördert die eigene Aktivität und Motivation der Lernenden. Nach der Formulierung des Problems wird dieses analysiert, d.h., dass die Schülerinnen und Schüler erkennen, dass die

Einteilung der Stoffe auf Grundlage der Stoffeigenschaft Farbe nicht zufriedenstellend erfolgen kann. Im Unterrichtsgespräch werden Lösungsvorschläge formuliert. Da den Lernenden die theoretischen Grundlagen zur Lösung des Problems fehlen, werden hypothetische Überlegungen angestellt.[26] Vermutlich äußern die Schülerinnen und Schüler an dieser Stelle den Wunsch die Stoffe auf die Dichte oder Wärmeleitfähigkeit zu untersuchen, da dies ihnen bereits bekannte Stoffeigenschaften sind. Gegebenenfalls wird durch Hilfestellung der Lehrkraft herausgearbeitet, dass es weitere Stoffeigenschaften gibt. Dies kann mit Hilfe von Bildimpulsen erfolgen. Dabei wird an die Lebenswelt der Schülerinnen und Schüler angeknüpft: Steine und Knete beispielsweise sind den Lernenden aus ihrem Alltag bekannt. Gleichwohl ist ihnen bewusst, dass Steine hart und nicht verformbar sind, Knete hingegen schon. Mit den Bildimpulsen werden die Schülerinnen und Schüler dafür sensibilisiert, dass Stoffe nicht nur im Chemieunterricht relevant sind, sondern im Alltag ständig gegenwärtig sind. Diese Verbindung zur Lebenswirklichkeit trägt dazu bei, dass die Lernenden in einer besonderen Weise sinnerfassend lernen.[27] Nachdem Lösungsvorschläge gesammelt wurden, wird entgegen der typischen Vorgehensweise des forschend-entwickelnden Unterrichts die selbstständige Planung der Experimente ausgelassen. Diese Entscheidung liegt darin begründet, dass die Lernenden nicht über ausreichende Vorkenntnisse experimenteller Überprüfungsmöglichkeiten verfügen. Um ein wahlloses raten zu vermeiden und Frustration zu vermeiden, werden die Versuchskonstruktionen deshalb vorgegeben. Das Planen von Lösungsvorschlägen rückt allerdings in den der Unterrichtseinheit folgenden Stunden in den Mittelpunkt (bspw. bei der selbstständigen Planung von Trennungsvorgängen verschiedener Stoffgemische). Der weitere Verlauf der Unterrichtseinheit entspricht mit der praktischen Durchführung, dem Zusammentragen der Ergebnisse und der verbalen Abstraktion der typisch forschend-entwickelnden Vorgehensweise.

Aufgrund der Tatsache, dass die Unterrichtseinheit zu Beginn des Schuljahres stattfindet und die individuellen Stärken und Schwächen der Lernenden noch nicht im Einzelnen greifbar sind, bietet das Stationenlernen die Möglichkeit, die Schülerinnen und Schüler dennoch individuell zu fördern. Durch das Lernen an Stationen kann von den Lernenden ein individuelles Lerntempo gewählt werden.

Da die Bearbeitung der Stationen nur mit der Hälfte der Klasse erfolgt, arbeiten die Schülerinnen und Schüler in Zweiergruppen zusammen. Sie wandern von Station zu Station und bearbeiten die gestellten Aufgaben. Das Arbeiten in Zweiergruppen kommt

---

[26] Vgl. Pfeifer (2002), S. 203.
[27] Pfeifer (2002), S. 163.

F. entgegen. Er bildet ein Team mit **M.**, sodass seine feinmotorischen Defizite nicht zum Tragen kommen. Um **F.** besonders zu fördern, wird seine gute Präsentationskompetenz in der Auswertungsphase genutzt und er verstärkt in diese Phase mit einbezogen. Durch die Arbeit in Zweiergruppen wird das selbstständige Arbeiten der Schülerinnen und Schüler ebenso wie das Übernehmen von Verantwortung innerhalb der Teams gefördert. Das Einhalten von Sicherheitsmaßnahmen und wichtige soziale Verhaltensweisen werden stehen im Vordergrund. Beides gilt als Grundvoraussetzung, um im folgenden Unterricht wissenschaftlichen Fragestellungen auf den Grund zu gehen und komplexere Experimente bzw. Lösungsstrategien zu planen und durchzuführen.

Üblicherweise beinhaltet das Stationenlernen einen Laufzettel, auf dem die Schülerinnen und Schüler dokumentieren, welche Stationen sie bereits bearbeitet haben. Dies dient vor allem dazu, dass die Schülerinnen und Schüler die Übersicht behalten und sichtbar wird, welche Aufgaben sie bereits erfolgreich bewältigt haben. Zudem erhalten die Schülerinnen und Schüler einen Auswertungsbogen, den es zu vervollständigen gilt (vgl. Anhang).

Ein weiterer Unterschied zum typischen Stationenlernen liegt darin, dass es keine Wahlstationen gibt, sondern es sich bei allen Stationen um Pflichtstationen handelt. Dies liegt darin begründet, dass alle Stoffeigenschaften essentiell sind und somit von allen Schülerinnen und Schülern bearbeitet werden müssen. Um dennoch das Arbeiten im individuellen Lerntempo zu ermöglichen, können schnellere Gruppen damit beauftragt werden, weitere Stoffe (Zink, Schwefel, Kaliumpermanganat) hinsichtlich der genannten Eigenschaften zu untersuchen.
Die Ergebnissicherung erfolgt mit Hilfe eines Auswertungsbogens, auf dem die Schülerinnen und Schüler ihre Ergebnisse eintragen sollen und auf deren Grundlage eine Einteilung der Stoffe erfolgt. Die beobachteten Eigenschaften werden auf einer Folie mit Hilfe des Overheadprojektors im Plenum zusammengetragen. Im Anschluss erfolgt eine Diskussion im Plenum über Gemeinsamkeiten und Unterschiede und schließlich die Zuordnung zu den drei Gruppen: leicht flüchtig, Metalle, salzartig.

Vor Beginn der Unterrichtseinheit werden die Schülerinnen und Schüler aufgefordert, die zu untersuchenden Stoffe zu sortieren. Sie sollen ihre Einteilung begründen. Dabei handelt es sich um eine altersgerechte Methode, mit der das Interesse und die Motivation der Schülerinnen und Schüler gefördert werden sollen. Es ist davon auszugehen, dass mit dieser Methode das natürliche Interesse der Schülerinnen und Schüler am Sortieren geweckt wird. Außerdem macht dies den Lernenden den

Lernfortschritt transparent, da sie feststellen, dass durch genaues Beobachten und Beschreiben von Eigenschaften eine Einteilung der Stoffe zu verschiedenen Gruppen leichter begründet werden kann. Deshalb wird die Unterrichtsreihe mit der erneuten Einteilung der Stoffe abgeschlossen.

Eine grundsätzliche Alternative wäre, dass alle Lernenden alle zu untersuchenden Stoffe charakterisieren. Dies hätte den Vorteil, dass sie das Beobachten und Beschreiben von Stoffen nicht nur an drei, sondern an neun Beispielen üben können. Dies würde allerdings zeitlich zu aufwändig sein, sodass ich mich dagegen entschieden habe. Durch das arbeitsteilige Vorgehen besteht zwischen den Lernenden eine positive Abhängigkeit, wodurch ein Beitrag zum kooperativen Lernen geleistet wird und insgesamt zu mehr Aktivität im Lernprozess führt. Die Gruppe fühlt sich durch das gemeinsame Ziel verbunden. Um die Einteilung aller Stoffe vornehmen zu können, muss jeder einzelne seinen Beitrag leisten und ist so nicht nur für sein eigenes Lernen, sondern auch für das der anderen Gruppenmitglieder verantwortlich.[28]

3.2 Die Durchführung der Unterrichtseinheit

3.2.1 Die Ausgangslage und deren Diagnose

Den Schülerinnen und Schülern werden die zu untersuchenden Stoffe vorgestellt. Sie werden aufgefordert, eine Sortierung vorzunehmen und diese zu begründen. Im Anschluss an die Unterrichtseinheit wird diese Aufgabe wiederholt.

Vor Beginn der Unterrichtsreihe wurde ein Evaluationsbogen an die Schülerinnen und Schüler verteilt (vgl. Anhang). Zum Abschluss der Unterrichtsreihe wird dieser Evaluationsbogen erneut ausgefüllt. Ziel ist es, den möglichen Kompetenzzuwachs, der durch das Stationenlernen in Bezug auf die Unterscheidung „Körper-Stoff" erreicht wurde, festzustellen.

Der anonyme Fragebogen ist so angelegt, dass die Schülerinnen und Schüler zum Einen unterscheiden sollen, ob es sich um einen Körper oder Stoff handelt, und zum anderen sollen sie zwischen einem Stoff und einem Nicht-Stoff unterscheiden.

3.2.2 Die Durchführung des Stationenlernens zu den Stoffeigenschaften

Nachdem die Schülerinnen und Schüler den Vortest zur Unterscheidung Körper und Stoff sowie Stoff und Nicht-Stoff durchgeführt haben, werden ihnen die Chemikalien

---

[28] Vgl. Wodzinski (2004), S. 6.

vorgestellt. Im Plenum wird eine begründete Sortierung diskutiert. Die Schülerinnen und Schüler werden anschließend in das Stationenlernen eingeführt. Die Stationen sind jeweils doppelt aufgebaut. Ausnahme ist die Station zur Löslichkeit in Benzin. Da diese Station unter dem Abzug aufgebaut ist, kann es sie nur einmal geben.

Die Schülerinnen und Schüler arbeiten in Partnergruppen. Sie werden einer der folgenden Expertenteams zugeteilt:

- Campher, Kupfer, Kochsalz
- Stearinsäure[29], Aluminium, Alaun
- Bienenwachs, Eisen, Kupfersulfat

Die Lernenden erhalten Reagenzgläser mit den zu untersuchenden Stoffen, sowie einen Kristall der jeweiligen Salze und eine Metallplatte des zu charakterisierenden Metalls. Dies ist deshalb notwendig, um die Härte sowie die Leitfähigkeit des Feststoffs prüfen zu können.

3.2.2.1 Diagnose während der Arbeit an den verschiedenen Stationen

In diesem Kapitel sollen die Beobachtungen, die während dem Stationenlernen erfolgt sind, beschrieben werden. Dabei soll auf die Beobachtungen über die selbstständige Arbeit der Schülerinnen und Schüler sowie über auftretende Schwierigkeiten bei den einzelnen Stationen eingegangen werden (Aufgabenblätter der Stationen: vgl. Anhang). Außerdem werden die zu erwerbenden Kompetenzen im Bereich Fachwissen beschrieben. (Die Kompetenzen im Bereich Erkenntnisgewinnung und Kommunikation sind für alle Stationen gleich gültig, vgl. Didaktische Überlegungen zur Unterrichtseinheit).

Station: Farbe/Glanz

An dieser Station erweitern die Lernenden ihre Kompetenzen im Bereich *Fachwissen*,

...indem sie zwischen Glasglanz, Metallglanz und matt unterscheiden.

...indem sie weiße Stoffe als farblos charakterisieren.

Bei dieser Station traten besonders dahingehend Schwierigkeiten auf, den Unterschied zwischen Glasglanz und Metallglanz treffen zu können. Die Schülerinnen und Schüler benötigten an dieser Station verstärkt meine Hilfe. Außerdem hat es sich als

---

[29] Auf Stearinsäure wurde zurückgegriffen, da Naphthalin nur nach Gefahrstoffersatzprüfung im Unterricht verwendet werden darf. Bei Naphthalin ist die Flüchtigkeit deutlicher festzustellen.

problematisch herausgestellt, dass Kupferpulver matt erscheint, Kupfer als Blechstreifen hingegen eindeutig einen Glanz aufweist (gleiches gilt für Eisen).

Station: Geruch

An dieser Station erweitern die Lernenden ihre Kompetenzen im Bereich *Fachwissen*,

> …indem sie lernen, dass Flüchtigkeit eine Voraussetzung für die Wirkung eines Stoffs als Geruchsstoff ist.[30]
>
> …indem sie die „Fächel"-Methode zur Überprüfung des Geruchs von Stoffen anwenden.

Diese Station wurde von den Lernenden zügig bearbeitet. Es ist sinnvoll, dass jede Gruppe jeweils einen flüchtigen Stoff erhält, um den Geruch von wenigstens einem Stoff wahrnehmen zu können. Den Lernenden war der Begriff der Flüchtigkeit neu, sodass dieser erklärt wurde. Der Geruch von Campher und Bienenwachs war ohne Schwierigkeiten wahrnehmbar. Der Geruch von Stearinsäure hingegen konnte aus dem Reagenzglas nur schwer wahrgenommen werden, sodass an dieser Stelle sinnvollerweise eine größere Menge zur Verfügung stehen sollte.

Station: Härte

An dieser Station erweitern die Lernenden ihre Kompetenzen im Bereich *Fachwissen*,

> …indem sie erkennen, dass sich Stoffe in ihrer Härte unterscheiden.
>
> …indem sie die Methode des Ritzens zur Bestimmung der Härte durchführen.

Diese Station wurde von den Lernenden weitgehend selbständig durchgeführt, ohne dass Hilfe der Lehrkraft nötig war. Als Schwierigkeit wurde beobachtet, dass die Schülerinnen und Schüler keinen Vergleich mit einem harten Material (Quarz, Diamant, ,..) hatten, sodass zum Teil die Metalle schon als hart und nicht mittelhart eingestuft wurden.

Station: Löslichkeit

An dieser Station erweitern die Lernenden ihre Kompetenzen im Bereich *Fachwissen*,

> …indem sie lernen, dass es Stoffe gibt, die entweder in Wasser oder in Benzin löslich oder unlöslich sind.
>
> …indem sie einen Versuch zur Überprüfung der Löslichkeit kennenlernen und durchführen.

---

[30] Die zweite Bedingung für einen Geruchsstoff ist die Geruchsaktivität, die mit den Lernenden im Unterrichtsgespräch aufgegriffen werden kann (Kohlenstoffmonoxid als geruchsloses, giftiges Gas).

Die Durchführung an dieser Station fiel den Lernenden leicht. Da diese Station zur Überprüfung der Löslichkeit in Benzin unter dem Abzug durchgeführt und so nur einmal aufgebaut wurde, gab es zeitliche Schwierigkeiten. Einige Gruppen mussten deshalb zusammenarbeiten. Dies hatte zur Folge, dass einige Lernende den Versuch nicht selbst durchgeführt haben, sondern nur zugeschaut haben. Bei der Auswertung hatten die Schülerinnen und Schüler teilweise Schwierigkeiten zu erkennen, ob sich ein Stoff löst oder nicht. Dies liegt unter anderem daran, dass auf dem Arbeitsblatt zur Station klare Angaben fehlen, wieviel des zu untersuchenden Stoffs und des Lösungsmittels in das Reagenzglas gefüllt werden sollen. Außerdem kann die Löslichkeit von Bienenwachs in Benzin nur ansatzweise beobachtet werden.

Station: Elektrische Leitfähigkeit

An dieser Station erweitern die Lernende ihre Kompetenzen im Bereich *Fachwissen*,

...indem sie lernen, einen Schaltkreis nach Anleitung aufzubauen.

...indem sie lernen, die elektrische Leitfähigkeit von Feststoffen und Stoffen in Lösungen zu untersuchen.

Beim Aufbau des Schaltkreises forderten die Schülerinnen und Schüler schnell meine Hilfe. Nachdem ich sie darauf hinwies, dass sie sich den abgebildeten Schaltkreis genau anzuschauen und Schritt für Schritt die Kabel mit Batterie und dem zu testendem Stoff zu verbinden haben, schafften sie es meist jedoch alleine, ohne dass ich eingriff. Dass ein Metall elektrisch leitfähig ist, überraschte sie nicht. Dass jedoch beispielsweise eine Kochsalz-Lösung ebenfalls elektrischen Strom leitet, wunderte die meisten. Schwierig wurde es bei der Messung der elektrischen Leitfähigkeit in Lösung, da hierfür Elektroden benötigt wurden. Hier war verstärkt meine Hilfe nötig, um zu verhindern, dass die Lernenden die Krokodilklemmen in die Lösung tauchen. Beim Durchführen der Station ist darauf zu achten, dass die Lernenden ausreichend Salz für die Leitfähigkeitprüfung lösen. Außerdem sollten die Lernenden darauf hingewiesen werden, dass sich die Krokodilklemmen bzw. die Elektroden nicht berühren dürfen. Es ist darauf zu achten, dass die Leitfähigkeitsmessung mit Wechselstrom durchgeführt werden, um zu verhindern, dass zu einer Elektrolyse kommt.

4 Evaluation der Unterrichtsreihe

4.1 Kompetenzzuwachs bei der Einteilung von Stoffen

Die Lernenden sollten zu Beginn des Stationslernens die verschiedenen Stoffe sortieren, ohne die Eigenschaften untersucht zu haben. Dazu zeigte ich ihnen die Stoffe abgefüllt in Reagenzgläsern. Dabei schlugen sie vor, die Stoffe nach Farben zu sortieren: Kochsalz, Alaun, Stearinsäure und Campher sind weiße Stoffe, die übrigen sind „bunt". Ein anderer Vorschlag war, alle pulverförmigen Stoffe in eine Gruppe einzuordnen (Kochsalz, Alaun, Stearinsäure, Campher, Aluminium, Eisen, Kupfer und Kupfersulfat) und Bienenwachs in eine extra Gruppe einzuteilen. An dieser Stelle zeigte ich den Lernenden die Metallblechstreifen. Die Schülerinnen und Schüler erkannten, dass Eisenpulver und Eisenblech der gleiche Stoff sind, obwohl das Blech ihrer Sortierung entsprechend eher dem Bienenwachs zuzuordnen wäre. Infolge dieses kognitiven Konflikts äußerten die Lernenden daraufhin den Wunsch, die Dichte der Stoffe zu untersuchen und dann Stoffe mit einer ähnlichen Dichte in eine Gruppe einzuteilen. Ihnen wurde bewusst, dass sie weitere Stoffeigenschaften benötigen, um eine sinnvolle Einteilung vornehmen zu können. Mit Hilfe von Bildimpulsen konnten im Unterrichtsgespräch als Lösungsvorschlag die Eigenschaften Löslichkeit, Flüchtigkeit (Geruch) und Härte zur Problemlösung gesammelt werden. Da die Schülerinnen und Schüler entgegen meiner Erwartung an dieser Stelle bereits Vorstellungen äußerten, wie diese Eigenschaften untersucht werden können wurde die Planungsphase innerhalb des forschend-entwickelnden Unterrichtsverfahrens ansatzweise durchgeführt. Die Schülervorstellungen wurden ergänzt durch die auf den Arbeitsblättern beschriebene Vorgehensweise. Bei konsequenter Durchführung des forschend-entwickelnden Unterrichtskonzepts hätten an dieser Stelle die Überlegungen der Schülerinnen und Schüler durchgeführt werden müssen, um ihre Vermutungen zu verifizieren oder falsifizieren und anschließend einen neuen, veränderten Lösungsvorschlag zu planen. Von dieser Vorgehensweise ist unter Berücksichtigung der geringen experimentellen Erfahrung und Vorkenntnisse der Schülerinnen und Schüler Rechnung zu tragen.

Am Ende des Stationenlernens tauschten die Schülerinnen und Schüler ihre Ergebnisse aus und vervollständigten ihre Tabelle. Nach einem Abgleich der Resultate im Plenum sollten sie sich in Kleingruppen eine sinnvolle Sortierung vorgenommen werden. Ich hatte den Eindruck, dass ihnen dies nicht schwer fiel. Besonders die Klassenbesten erkannten schnell, dass immer mehrere Eigenschaften zusammenhängen. Auch leistungsschwächere Schülerinnen und Schüler erkannten zügig, bei welchen Stoffen es sich um Metalle handelt und konnten diese Einteilung begründen: „Aluminium, Kupfer und Eisen gehören in eine Gruppe, weil sie alle einen metallischen Glanz besitzen und den elektrischen Strom leiten." Sie bezeichneten diese Gruppe selbstständig als Metalle, was ich auf die Eigenschaft des metallischen Glanzes zurückführe. Auch die Einordnung in die Salze erfolgte ohne größere Schwierigkeiten. Begründet wurde diese Zuordnung durch die

Eigenschaft, dass sie alle in Wasser löslich sind[31] und den elektrischen Strom in Lösung leiten. **C.** machte den Vorschlag, diese Gruppe als Kristalle zu bezeichnen. Dies ist nachvollziehbar, da eine Gemeinsamkeit mit den Salzen ist, dass sie aus Ionengittern aufgebaut und daher Kristalle sind. Dennoch sind nicht alle Kristalle Salze, da beispielsweise Zucker ebenfalls Kristalle bildet, jedoch nicht zu den Salzen gehört. Deshalb gaben wir dieser Gruppe dann den Namen der salzartigen Stoffe. Übrig blieben Campher, Bienenwachs und Stearinsäure. Für die Lernenden war es logisch, dass diese Stoffe zu einer Gruppe gehören, da sie alle weich und in Benzin löslich sind sowie einen Geruch besitzen. Einige Schüler machten den Vorschlag, diese Gruppe als Riechstoffe zu bezeichnen. Auch dies kommt dem tatsächlichen Überbegriff der leicht flüchtigen Stoffe nahe.

Die Lernenden waren im Anschluss an das Stationenlernen in der Lage, die untersuchten Stoffe begründet in verschiedene Gruppen einzuteilen. Sie haben erkannt, dass sie mit Hilfe von verschiedenen Stoffeigenschaften eine Sortierung vornehmen können. Dabei stellten sie fest, dass ihre Einteilung vor Beginn des Stationenlernens wahllos war und die Farbe nicht ausreicht, um Stoffe einzuteilen.

4.2 Vor- und Nachtest zum Stoffbegriff

Vor Beginn der Unterrichtseinheit ließ sich feststellen, dass die Schülerinnen und Schüler meist gut zwischen Körper und Stoff sowie Stoff und Nicht-Stoff unterscheiden können. Möglicherweise liegt dies am NaWi-Unterricht, der in den Jahrgangsstufen 5 und 6 erfolgt. Besonders auffällig war, dass die Lernenden Energie häufig als einen Stoff beschreiben.[32]

Tabelle 1: Vortest zur Unterscheidung Körper und Stoff sowie Stoff und Nicht-Stoff. **Fettgedruckt sind die „falschen" Antworten.**

	Körper	Stoff
Kugel	27	**0**
Holzkohle	**2**	25
Gummi	**4**	23
Essig	**1**	26
Flasche	22	**5**

	Stoff	Nicht-Stoff
Zeit	**1**	26
Luft	25	**2**
Wasser	26	**1**
Energie	**11**	16
Wärme	**4**	23

---

[31] Im weiteren Unterrichtsverlauf kann die unterschiedliche Löslichkeit von Salzen in Wasser untersucht werden und gesättigte sowie übersättigte Lösungen (Bodenkörper) unterschieden werden.
[32] Dies deckt sich nicht mit den von Eilks beschriebenen Schüleräußerungen (vgl. Eilks, 2003, S. 365).

Im Anschluss an das Stationenlernen wurde ein Nachtest durchgeführt, der überprüfen sollte, wie gut die Schülerinnen und Schüler nach der Unterrichtseinheit zwischen Körper und Stoff sowie Stoff und Nicht-Stoff unterscheiden können.

Tabelle 2: Nachtest zur Unterscheidung Körper und Stoff sowie Stoff und Nicht-Stoff. Fettgedruckt sind die „falschen" Antworten.

	Körper	Stoff
Kugel	27	**0**
Holzkohle	**2**	25
Gummi	**5**	22
Essig	**0**	27
Flasche	27	**0**

	Stoff	Nicht-Stoff
Zeit	**0**	27
Luft	26	**1**
Wasser	27	**0**
Energie	**0**	27
Wärme	**0**	27

Während beim Vortest zur Unterscheidung Körper und Stoff 9% der Schülerinnen und Schüler „falsch" geantwortet haben, gab es im Nachtest nur noch 5% fehlerhafte Antworten. Dies ist eine leichte Verbesserung. Dennoch stellt sich die Frage, weshalb die Lernenden Gummi als Körper und nicht als Stoff begreifen. Denkbar wäre, dass dabei die unterschiedlichen Erscheinungsformen von Gummi, wie beispielsweise eine unterschiedliche Farbe, eine Rolle spielt. Dies könnte für die Lernenden den Fehlschluss zulassen, dass Gummi, ebenso wie eine Kugel oder eine Flasche, aus unterschiedlichen Stoffen bestehen kann und deshalb ein Körper ist. Während eine Flasche immer aussieht wie eine Flasche und eine Kugel wie eine Kugel, kann Gummi oder auch Holzkohle in der Erscheinungsform stärker variieren. Ich vermute, dass dies ein Grund dafür ist, dass die Lernenden hier Schwierigkeiten haben, Holzkohle und Gummi als Stoff zu beschreiben. Gerade diese Stoffe sollten deshalb im Unterrichtsgespräch mit den Schülerinnen und Schülern diskutiert werden.

Sehr erfreulich ist der Nachtest zur Unterscheidung zwischen Stoff und Nicht-Stoff. Dort lässt sich eine deutliche Verbesserung feststellen. Von 13% fehlerhafter Angaben im Vortest zu nur noch 0,7% im Nachtest. Im Unterrichtsgespräch wurde deutlich, dass die Lernenden Wärme oder Energie als etwas beschreiben, das man anfassen kann. Dennoch ordnen sie diese nicht als Stoff ein. Begründet haben sie dies damit, dass Wärme oder Energie nicht auf die Löslichkeit oder die Härte untersucht werden kann. Hier hat das Stationenlernen einen Beitrag zur besseren Vorstellung des Stoffbegriffs in Abgrenzung von Nicht-Stoffen beigetragen.

4.3 Fragebogen zur Unterrichtsevaluation

Der Evaluationsbogen zur Unterrichtsreihe wurde direkt im Anschluss an das Stationenlernen an die Schülerinnen und Schüler ausgegeben, bevor zur Unterscheidung zwischen Reinstoffen und Stoffgemischen übergegangen wurde.

Der Evaluationsbogen fokussiert die Arbeit der Schülerinnen und Schüler beim Stationenlernen. Die letzten beiden Fragen thematisieren die Lehrperson und die Unterrichtsatmosphäre, da diese auch eine nicht zu unterschätzende Rolle für den Lernerfolg spielt.

Auf dem Evaluationsbogen konnten die Schülerinnen und Schüler ankreuzen, ob eine Aussage zutrifft oder nicht. Ich habe mich für nur zwei Antwortmöglichkeiten entschieden (trifft zu/trifft nicht zu), um ein möglichst trennscharfes Ergebnis zu erzielen. Die Ergebnisse des Evaluationsbogens sind in der folgenden Abbildung zusammengefasst. Dazu wurde der prozentuale Anteil der angekreuzten Antworten in die Tabelle des Bogens eingetragen. Die Antworten, die mehrheitlich angekreuzt wurden, sind farblich markiert.

Tabelle 3: Unterrichtsevaluation zum Stationenlernen zum Thema der Stoffeigenschaften. Die Evaluation erfolgte anonym und im Anschluss an die durchgeführte Unterrichtsreihe.

	Trifft eher zu	Trifft eher nicht zu
Ich habe mich intensiv mit den fünf Stationen beschäftigt.	93	7
Ich konnte immer eine freie Station finden.	70	30
Ich wusste, wie ich die einzelnen Stationen bearbeiten konnte.	93	7
Ich habe sinnvoll und zielgerichtet mit meinem Partner zusammengearbeitet.	89	11
Die Ergebnisse habe ich gründlich notiert.	89	11
Ich habe viel gelernt.	89	11
Die abschließende Einteilung anhand der untersuchten Stoffeigenschaften war logisch für mich.	89	11
Die abschließende Besprechung der Ergebnisse war wichtig für mich.	89	11
Die abschließende Besprechung der Ergebnisse erfolgte gründlich genug.	89	11
Stationenlernen ist eine angenehme Abwechslung zum regulären Unterricht.	89	11
Mein Partner und ich haben vorwiegend selbstständig gearbeitet / Hilfe vom Lehrer war nicht nötig.	70	30
Ich hätte mit mehr Hilfe von meinem Lehrer gewünscht.	4	96
Es herrschte eine angenehme Arbeitsatmosphäre.	4	96

Betrachtet man die Evaluationsergebnisse, so wird zunächst deutlich, dass diese insgesamt positiv ausgefallen sind. Dies spiegelte auch die mündliche Rückmeldung einiger Schülerinnen und Schüler wieder, die mir mitteilten, dass sie „so etwas" unbedingt wieder machen wollen. Im folgende gehe ich auf einzelne Items genauer ein. Als erstes fällt auf, dass 30% der Lernenden angaben, nicht immer eine freie Station zu finden. Meine Beobachtungen während der Durchführung der Unterrichtseinheit führt dies darauf zurück, dass die Station zur Löslichkeit in Benzin nur einmal und die Station zur elektrischen Leitfähigkeit nur zweimal aufgebaut werden konnte. Hintergrund dafür war, dass nur ein Abzug im Raum zur Verfügung stand und nur zwei Stromquellen vorhanden waren. Dies führte teilweise zu Wartezeiten. Mögliche Konsequenzen, die sich daraus ergeben, sind in der Reflexion näher beschrieben (Einführung von Wahlstationen).

Eine weitere Auffälligkeit ist, dass 70% der Lernenden angaben, dass sie vorwiegend selbstständig gearbeitet haben und Hilfe vom Lehrer für sie nicht nötig war. Entsprechend traf dies für 30% der Schülerinnen und Schüler nicht zu. Ich führe dies besonders auf die Station zur elektrischen Leitfähigkeit zurück (vgl. 3.2.2.1). Um den Schülerinnen und Schülern noch mehr das selbständige Arbeiten zu erleichtern, wären einige Ergänzungen auf dem Arbeitsblatt denkbar (vgl. Reflexion).

Während für 11% der Lernenden die Besprechung der Ergebnisse nicht wichtig war, erfolgte sie für ebenfalls 11% nicht gründlich genug. Dies spiegelt die Heterogenität der Klasse wieder. So fiel bei der Besprechung auf, dass leistungsstarke Schülerinnen und Schüler bei der Einteilung der Stoffe keine Schwierigkeiten hatten. Da sich an der Auswertung aber auch Schülerinnen aus dem mittleren und schwächeren Leistungsbereich beteiligt haben (**K., J.-H.**), gehe ich davon aus, dass besonders Lernende, die während des Stationenlernens z.T. gefehlt haben, sich eine gründlichere Auswertung gewünscht hätten. Um dies genauer einschätzen zu können wären persönliche Gespräche nötig. Da die Evaluation jedoch anonym erfolgte, um Verzerrungen in der Ehrlichkeit der Antworten zu verhindern, ist dies nicht möglich.

Insgesamt fällt die Evaluation der Unterrichtsreihe mehrheitlich positiv aus.

5 Reflexion

Zu Beginn des Stationenlernens wurden die Lernenden aufgefordert, die zu untersuchenden Stoffe in Gruppen einzuteilen und ihr Vorgehen zu begründen. Dies fiel den Lernenden wie erwartet schwer. Sie stellten schnell fest, dass alle Stoffe fest waren. Sie ordneten die weißen Stoffe einer Gruppe und die farbigen einer anderen Gruppe zu. Schon bald forderten sie eine genauere Charakterisierung, um die Stoffe besser einteilen zu können. Dafür schlugen sie zunächst die Bestimmung der Dichte und Wärmeleitfähigkeit vor, da ihnen diese spezifischen Stoffeigenschaften schon bekannt waren. Ich führte sie daraufhin in das Stationenlernen ein, mit dem weitere Stoffeigenschaften kennengelernt und untersucht werden sollen. Der Einstieg war geeignet, da den Lernenden bewusst wurde, dass sie, um die Stoffe sortieren zu können, verschiedene Stoffeigenschaften untersuchen müssen. Die Lernenden zeigten eine hohe Motivation und waren mit großem Interesse bei der Arbeit.

Nach der Einteilung der untersuchten Feststoffe in die drei Gruppen fragten die Lernenden, ob alle Stoffe zu einer der drei Gruppen gehörten. Als ich ihnen erklärte, dass es noch weitere Gruppen (steinartige und harzartige Stoffe[33]) gibt und wir bisher nur Feststoffe untersucht haben, äußerten sie den Wunsch, weitere Stoffe untersuchen und einteilen zu dürfen. Daraus schließe ich, dass ihnen das Stationenlernen Freude gemacht hat – auch deshalb, weil sie in der Lage waren, begründete Schlussfolgerungen zu ziehen, die sich dann bestätigt haben. Sie hatten somit ein Erfolgserlebnis, ihre Arbeit hat sich gelohnt. Im Gesamtprozess des Lernens wirkt sich das Prinzip des Erfolgserlebnisses positiv im Sinne eines lernwirksamen Vorganges aus. Es gilt als gesichert, dass selbstständig erworbenes Wissen, das Gefühl selbstständig etwas erarbeitet, erkannt und verstanden zu haben, Erfolgserlebnisse schafft. Erfolgserlebnisse wecken neues Interesse, schaffen Lernmotivation, fördern eigene Aktivitäten und den Willen, neue Erkenntnisse zu erwerben.[34]

Um zu verhindern, dass für die Lernenden keine freien Stationen zur Verfügung stehen, wäre die Einführung von Wahlstationen denkbar. In Anbetracht dessen würde ich beispielsweise den Magnetismus als zusätzliche Station gestalten. Alternativ wäre, dass wartende Schülerinnen und Schüler einen Salzkristall züchten können. Dies ist nicht mit großem Mehraufwand verbunden und würde Wartezeiten der Schülerinnen und Schüler minimieren. Das Züchten eines Salzkristalls ermöglicht darüber hinaus, dass die Schülerinnen und Schüler lernen, dass die Eigenschaften der Stoffe unabhängig vom Kontext gültig sind. Während sich Salz als Pulver auf den ersten Blick deutlich von einem Kristall abgrenzt, wird durch das Züchten des Kristalls deutlich, dass es dennoch ein und derselbe Stoff ist – der dieselben charakteristischen Eigenschaften besitzt. Sie lernen, dass die Eigenschaften unabhängig von der „Situation" (Natriumchlorid als Nahrungsmittel bzw. als „Schmuckstück").

---

[33] Vgl. Krug, 2011, S. 13 f.
[34] Vgl. Schmidkunz, 2003, S. 15.

Das Arbeitsblatt zur elektrischen Leitfähigkeit könnte dahingehend verändert werden, dass beschrieben wird, wie die Leitfähigkeitsüberprüfung in Lösung erfolgt. Dazu zählt, dass eine Angabe darüber gemacht wird, wieviel „Stoff" in wieviel Wasser zu lösen ist. Dies hätte den Vorteil des genauen Experimentierens und der Reproduzierbarkeit. Außerdem sollte in diesem Zusammenhang erwähnt werden, dass für die Leitfähigkeitsmessung in Lösung Elektroden zu verwenden sind. Die Durchführung der Station zur Löslichkeit könnte dahingehend verändert werden, dass statt eines Stücks Bienenwachs (Wachsplatte) kleine Streukügelchen verwendet werden, um so eine bessere Löslichkeit zu ermöglichen. Noch deutlicher wird die Löslichkeit, wenn das Wachs in erwärmtes Benzin gegeben wird.

Die Stationenarbeit erfolgte wie eingangs beschrieben immer nur mit halber Klassenstärke. Dies ist sicher keine zwingende Voraussetzung für die erfolgreiche Durchführung, dennoch bietet es große Vorteile: Es ist dadurch gewährleistet, dass alle Schülerinnen und Schüler während ihrer Arbeit durch die Lehrkraft beobachtet werden können. Dies erleichtert die Arbeit, insbesondere wenn Chemikalien, wie beispielsweise Benzin verwendet werden. Außerdem ist eine von den Schülerinnen und Schülern benötigte Hilfestellung durch den Lehrer meiner Erfahrung nach immer möglich. Es bietet also die Möglichkeit, auf einzelne Schülerinnen und Schüler einzugehen und Schwierigkeiten zu diagnostizieren. Kennt man die Klasse bereits aus vorangegangenem Unterricht, macht es außerdem Sinn, möglichst leistungsheterogene Pärchen zu bilden. Die Schülerinnen und Schüler können sich gegenseitig unterstützen. Dies ist mir bei einigen Lernpaaren positiv aufgefallen (beispielsweise: **F. + M., A. + J.-H.**).

Da die Lernenden weitgehend selbstständig gearbeitet haben, bietet das Stationenlernen die Möglichkeit, gerade Schülerinnen und Schüler im Anfangsunterricht an das naturwissenschaftliche Experimentieren heranzuführen sowie die erhaltene Ergebnisse angemessen zu dokumentieren und auszuwerten. Dabei werden einige didaktische Lernprinzipien, auf denen das Forschend-entwickelnde Unterrichtsverfahren basiert, eingeübt, sodass diese im späteren Unterricht genutzt werden können.[35] Dazu zählen:

- Das Prinzip der hohen eigenen Aktivität und des selbstständigen Wissenserwerbs.
- Das Prinzip der Einbeziehung aller Fähigkeitsbereiche (kognitiver, psychomotorischer und affektiver Bereich).
- Das Prinzip der Strukturierung
- Das Prinzip des Erfolgserlebnisses.

---

[35] Vgl. Schmidkunz, 2003, S. 13 f..

Besonders hervorheben möchte ich das Prinzip der hohen eigenen Aktivität, die durch das selbstständige Bearbeiten der Stationen zentral ist. Dies begünstigt den Lernprozess, da die Lernenden selbstständig zu neuen Erkenntnissen gelangen.

Abschließend ist festzuhalten, dass sich diese Unterrichtsreihe insgesamt als fruchtbar erwiesen hat und ich diese mit Veränderungen durchaus noch einmal einsetzen würde. Der Stoffbegriff, der häufig mit Schüler-Fehlvorstellungen verbunden ist, lässt sich durch das Stationenlernen von den Lernenden weitgehend selbstständig erarbeiten, sodass ein Großteil der Lernenden eine Vorstellung davon bekommt, was ein „Stoff" in der Chemie ist.

6 Literatur

Deutsches PISA-Konsortium (Hrsg.): PISA 2000 – Basiskompetenzen von Schülerinnen und Schülern im internationalen Vergleich, Opladen (2001).

Döbrich, P.: Qualitätsentwicklung im naturwissenschaftlichen Unterricht. Fachtagung am 15. Dezember 1999, DIPF, GFPF. In: Materialien zur Bildungsforschund Bd. 7, Frankfurt a. M. 2002, S. V-X.

Eilks, I. Leerhoff, G., Kienast, S., Möllering, J.: Der Stoffbegriff und die Stoffeigenschaften – Zentrale Problemfelder bei der Vermittlung der chemische Reaktion im frühen Chemieunterricht (Teil 2); MNU 56/6, Hamburg 2003, S. 364-375.

Gräber, W. et al.: Scientific Literacy, Leske + Budrich 2002.

Hellrung, M.: Entwicklungsaufgaben von Lehrenden im individualisierten Unterricht. Anforderungsstruktur und Handlungskonzepte, 2011.

Hessisches Kultusministerium (Hg.): Lehrplan Chemie – Gymnasialer Bildungsgang Jahrgangstufe 7G bis 9G und gymnasiale Oberstufe, Wiesbaden 2010.

Kienast, S., Witteck, T., Eilks, I.: „Stoffe" im Chemieunterricht – Ein wichtiger Begriff mit vielen Verständnishürden, Unterricht Chemie 23, 2012, Nr. 128, S. 12-15.

Krug, H.: Chemie Experiment und Erkenntnis, Metzler, Stuttgart 1980.

Mattes, W.: Methoden für den Unterricht, Schöningh 2014.

Oelkers, J.: How to define and justify scientific literacy for everyone. In: Gräber, W.; Bolte, C. (Hrsg.): Scientific Literacy, Kiel.

Pfeifer, P., Lutz, B., Bader, J.: Konkrete Fachdidaktik Chemie, Oldenbourg 2002.

Schiepe-Tiska, A.; Schöps, K.; Rönnebeck, S.; Köller, O.; Prenzel, M.: Naturwissenschaftliche Kompetenz in PISA 2012: Ergebnisse und Herausforderungen. Online verfügbar: http://zib.education/fileadmin/user_upload/PDFs/PISA/Schiepe-Tiska_et_al__2013__Naturwissenschaftliche_Kompetenz_in_PISA_2012.pdf, zuletzt aufgerufen am 08.02.2016.

Schmidkunz, H., Lindemann, H.: Das forschend-entwickelnde Unterrichtsverfahren. Problemlösen im naturwissenschaftlichen Unterricht, Hohenwarsleben 2003.

Spörhase, U.; Ruppert, W. (Hrsg.): Biologie Methodik. Handbuch für die Sekundarstufe I und II, Cornelsen, Berlin 2014.

Studienseminar Koblenz: Station 6: Vor- und Nachteile des Stationenlernens, online verfügbar: http://www.studienseminar-koblenz.de/medien/wahlmodule_unterlagen/2004/128/Station%206%20Vor-%20und%20Nachteile%20des%20Stationenlernens.pdf (zuletzt aufgerufen: 04.01.2016)

Vogelzang, M.: Einen Stoffbegriff bilden – Lernen, die Welt mit den Augen der Chemiker zu sehen, Unterricht Chemie, 2012, Nr. 128, S. 16-18.

Wodzinski, R.: Kooperatives Lernen: mehr als nur Gruppenarbeit. Unterricht Physik, Nr. 84, 2004, S. 4-7.

Internetquellen:

http://www.nawi-aktiv.de/umaterial/labor/labor.pdf, zuletzt aufgerufen am 20.12.2015

http://rosdok.uni-rostock.de/file/rosdok_derivate_0000004546/Dissertation_Freiheit_2009.pdf, zuletzt aufgerufen am 06.01.2016.

http://ganztag-blk.de/ganztags-box/cms/upload/ind_foerderung/Planungsvorschlag/lesematerial.pdf, zuletzt aufgerufen am 29.12.2015.

http://www.hamm-chemie.de/k7/k7ab/06_stoffe_eigenschaften_versuche.htm, zuletzt aufgerufen am 09.01.2016.

https://www.lernhelfer.de/sites/default/files/styles/square_thumbnail/public/lexicon/image/BWS-PHY-0523-03.jpg?itok=xPEAwyzq, zuletzt aufgerufen 09.2015.

http://s.womenweb.de/PageResources/4a8d2b8d-bac5-49c4-8c5b-72a2d6fa9ff3/Weihnachten-Deko-Tipps-Schwimmkerze.jpg, zuletzt aufgerufen 09.2015.

https://uwepuwe.files.wordpress.com/2010/01/steine.jpg, zuletzt aufgerufen 09.2016.

http://www.liliput-lounge.de/wp-content/uploads/2013/10/knete1.jpg, zuletzt aufgerufen 09.2016.

https://www.onlinestore-john.de/ratgeber/wp-content/uploads/2013/06/wieso-riecht-parfum-beim-ausprobieren-anders-als-zu-hause-672x372.jpg, zuletzt aufgerufen 09.2015.

7 Anhang

Die elektrische Leitfähigkeit von Stoffen

Es gibt Stoffe, die den Strom leiten, man nennt sie elektrische Leiter. Stoffe, die hingegen den Strom nicht leiten, bezeichnet man als Isolatoren.

Durchführung:

Überprüfe, ob die Feststoffe elektrischen Strom leiten. Baue den Schaltkreis nach der vorliegenden Zeichnung auf, stecke den zu untersuchenden Stoff zwischen die Krokodilklemmen und prüfe, ob der Stromkreis geschlossen ist. Bei leitfähigen Stoffen leuchtet die Glühbirne.

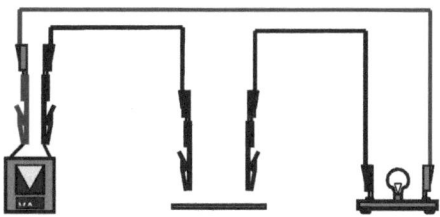

Überprüfe die Leitfähigkeit der Stoffe in Lösung. Setze dazu von solchen Feststoffen, die sich lösen, ein Lösung in Wasser an. Klemme jeweils eine Graphitelektrode in jede Krokodilklemme und tauche beide Elektroden in die Lösung.

Aufgabe:

Tragt wie folgt in die Tabelle ein:

Leitfähige Stoffe: +   Nicht leitfähige Stoffe: -

Feststoffe, von denen sich keine Lösung ansetzen lässt = nicht leitfähig, d.h.: -

Geruch / Flüchtigkeit

Damit der Geruchssinn einen Stoff wahrnimmt, müssen Teilchen von diesem zu den Riechzellen in der Nase gelangen. Ein Stoff kann also nur dann eine Geruchsempfindung auslösen, wenn er Teilchen an die umgebende Luft abgibt. Die Eigenschaft, die hier also untersucht wird, ist die Flüchtigkeit der Stoffe: nur bei flüchtigen Stoffen ist eine Geruchsempfindung möglich.

Durchführung:

Fächelt euch die „Dämpfe" mit der Hand zu. So können nur sehr kleine Stoffportionen in die Nase gelangen. Das ist wichtig, weil manche Stoffe in höheren Konzentrationen ätzend, giftig oder auch allergieauslösend wirken können.

Verschließt die Reagenzgläser nach dem Beenden der Geruchsprobe wieder.

Aufgabe:

Tragt wie folgt in die Tabelle ein:

Deutlich wahrnehmbarer Geruch: +   geruchlos: -

Expertengruppe 1: Campher, Kupfer, Kochsalz

Im Stationenlernen untersucht ihr in eurem Experten-Team die Eigenschaften von jeweils drei Feststoffen. In welcher Reihenfolge ihr die Stationen bearbeitet, bleibt euch überlassen. (Ausnahme: Die Station zur Löslichkeit muss vor der Station zur elektrischen Leitfähigkeit durchgeführt werden.) Wichtig ist, dass ihr die untersuchten Stoffeigenschaften in die Auswertungstabelle eintragt.

Sobald ihr alle Stoffeigenschaften untersucht habt, findet ihr euch in Austausch-Gruppen zusammen: Diese bestehen aus jeweils einem Experten-Team der Gruppen 1-3 (= 3er Gruppen). In diesen Austausch-Gruppen stellt ihr euch gegenseitig eure Untersuchungsergebnisse vor und ergänzt die Stoffeigenschaften in der Auswertungstabelle.

Bearbeitet dann die Aufgabenstellung auf dem Auswertungsbogen.

Expertengruppe 2: Stearinsäure, Aluminium, Alaun

Im Stationenlernen untersucht ihr in eurem Experten-Team die Eigenschaften von jeweils drei Feststoffen. In welcher Reihenfolge ihr die Stationen bearbeitet, bleibt euch überlassen. (Ausnahme: Die Station zur Löslichkeit muss vor der Station zur elektrischen Leitfähigkeit durchgeführt werden.) Wichtig ist, dass ihr die untersuchten Stoffeigenschaften in die Auswertungstabelle eintragt.

Sobald ihr alle Stoffeigenschaften untersucht habt, findet ihr euch in Austausch-Gruppen zusammen: Diese bestehen aus jeweils einem Experten-Team der Gruppen 1-3 (= 3er Gruppen). In diesen Austausch-Gruppen stellt ihr euch gegenseitig eure Untersuchungsergebnisse vor und ergänzt die Stoffeigenschaften in der Auswertungstabelle.

Bearbeitet dann die Aufgabenstellung auf dem Auswertungsbogen.

Expertengruppe 3: Bienenwachs, Eisen, Kupfersulfat

Im Stationenlernen untersucht ihr in eurem Experten-Team die Eigenschaften von jeweils drei Feststoffen. In welcher Reihenfolge ihr die Stationen bearbeitet bleibt euch überlassen. (Ausnahme: Die Station zur Löslichkeit muss vor der Station zur elektrischen Leitfähigkeit durchgeführt werden.) Wichtig ist, dass ihr die untersuchten Stoffeigenschaften in die Auswertungstabelle eintragt.

Sobald ihr alle Stoffeigenschaften untersucht habt, findet ihr euch in Austausch-Gruppen zusammen: Diese bestehen aus jeweils einem Experten-Team der Gruppen 1-3 (= 3er Gruppen). In diesen Austausch-Gruppen stellt ihr euch gegenseitig eure Untersuchungsergebnisse vor und ergänzt die Stoffeigenschaften in der Auswertungstabelle.

Bearbeitet dann die Aufgabenstellung auf dem Auswertungsbogen.

Auswertungstabelle

	Farbe	Glanz	Härte	Flüchtigkeit/ Geruch	Löslichkeit in		Elektr. Leitfähigkeit	
					Wasser	Benzin	Fest	Lösung
Alaun								
Aluminium								
Bienenwachs								
Campher								
Eisen								
Kochsalz								
Kupfer								
Kupfersulfat								
Stearinsäure								

Aufgabe:

Ihr habt nun alle Ergebnisse eingetragen und die Tabelle somit vollständig ausgefüllt.

1. Überlegt zunächst, welche Gemeinsamkeiten und Unterschiede euch auffallen. (Einzelarbeit)
2. Versucht die Stoffe zu sortieren und in Gruppen zusammenzufassen. Nach welchen Kriterien geht ihr vor? (Partnerarbeit)